제 1장

1-1. 주어진 직선 ab에 점 o에서 수직선을 그려라.

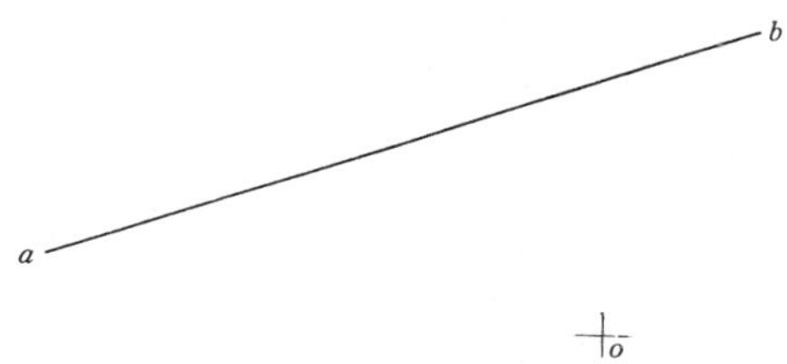

學科		班		番號		姓名		評點	

1-2. 주어진 삼각형 abc에 내접원과 외접원을 그려라.

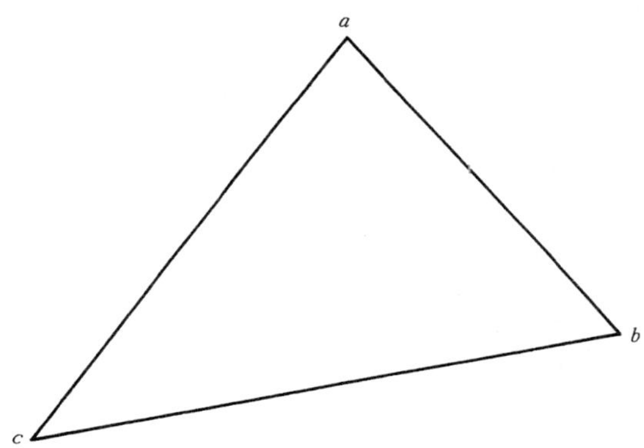

學科		班		番號		姓名		評點	

1-3. 주어진 평행직선 *ab*, *cd* 사이를 6등분 하여라.

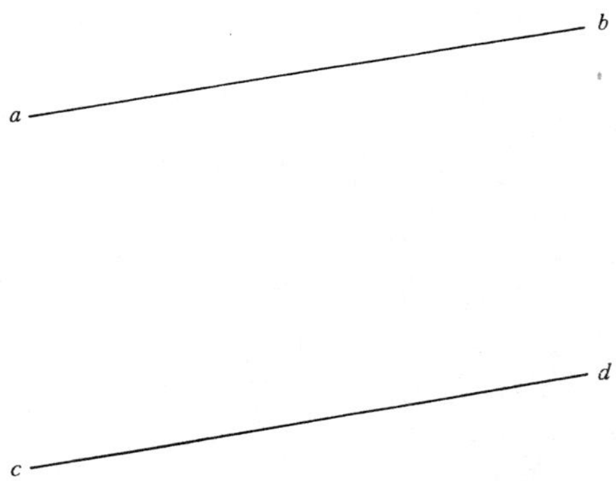

學科		班		番號		姓名		評點	

1-4. 주어진 o'원이 내접되고, o''원에 외접하는 반지름 R의 원을 그려라.

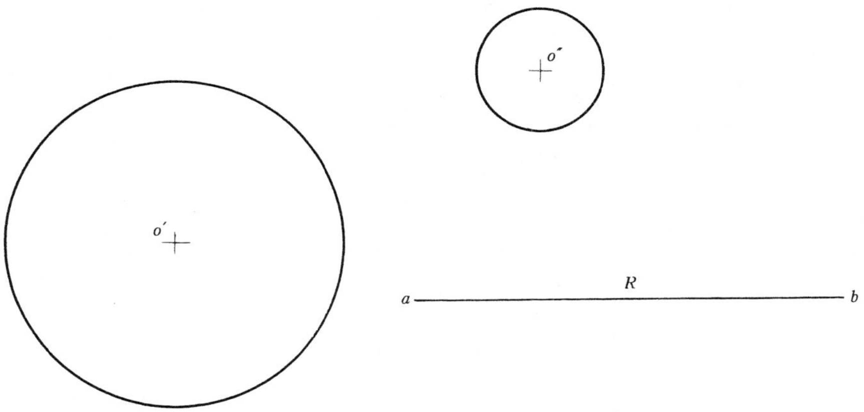

學科		班		番號		姓名		評點	

1-5. 주어진 원에 내접하는 정 5각형을 그려라.

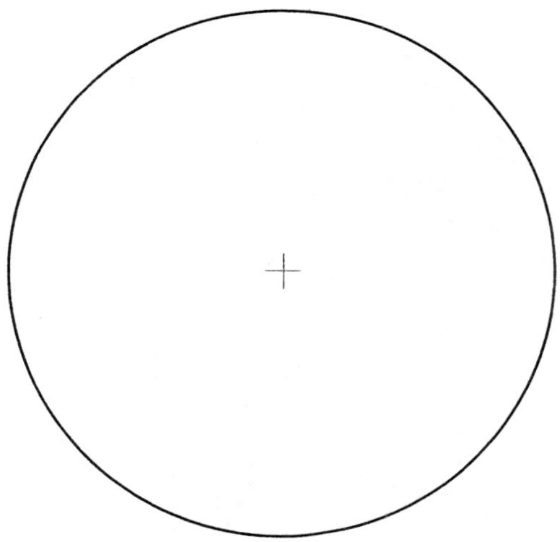

學科		班		番號		姓名		評點	

제 2 장

2-1. 주어진 타원의 중심을 구하여라.

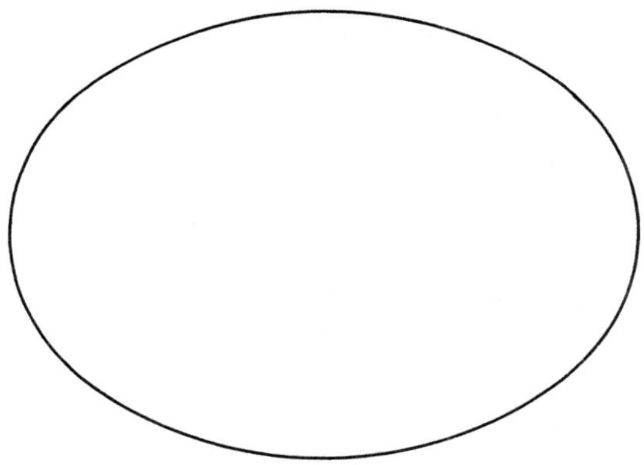

學科		班		番號		姓名		評點	

2-2. 주어진 장축과 단축을 가지고 타원의 두 초점을 구하여라.

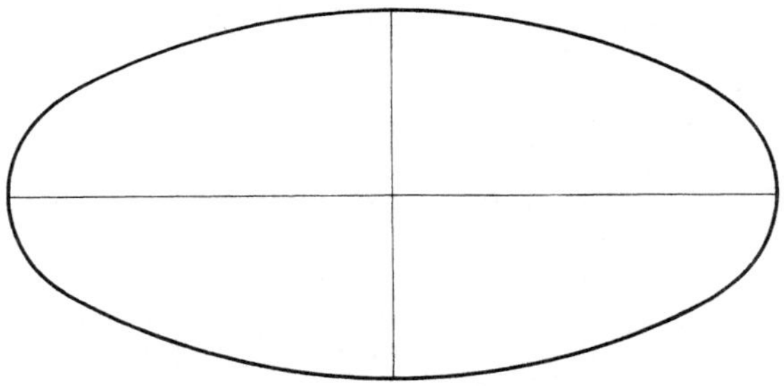

學科		班		番號		姓名		評點	

2-3. 단축 AB를 가지고 근사타원을 그려라.

學科		班		番號		姓名		評點	

2-4. 주어진 모선 ab와 초점 F를 알고 포물선을 그려라.

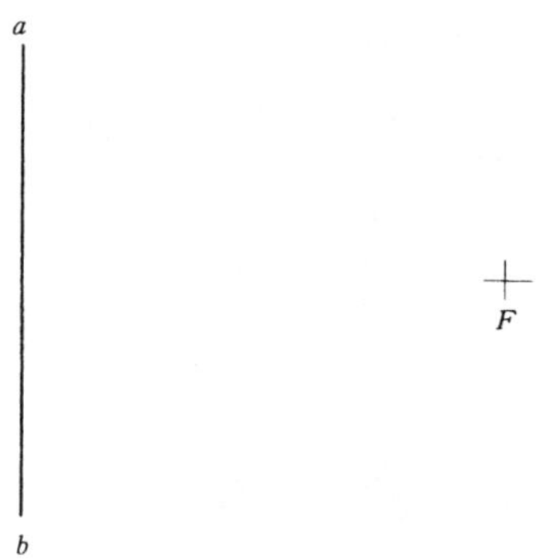

學科		班		番號		姓名		評點	

제 3 장

3-1. $a = 2$cm의 對數螺線(logarithmic spiral)을 그려라.

學科		班		番號		姓名		評點	

3-2. 주어진 타원이 직선 AB 위를 굴러 갈 때 타원의 초점이 그리는 궤적을 그려라.

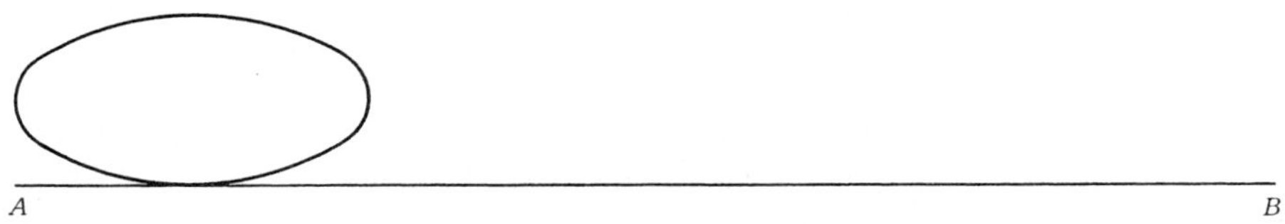

學科		班		番號		姓名		評點	

3-3. 주어진 원의 漸伸線(involute) 곡선을 그려라.

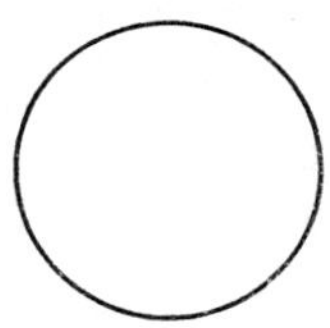

學科		班		番號		姓名		評點	

3-4. 주어진 원 o의 날줄(經線) 8개를 그려라.

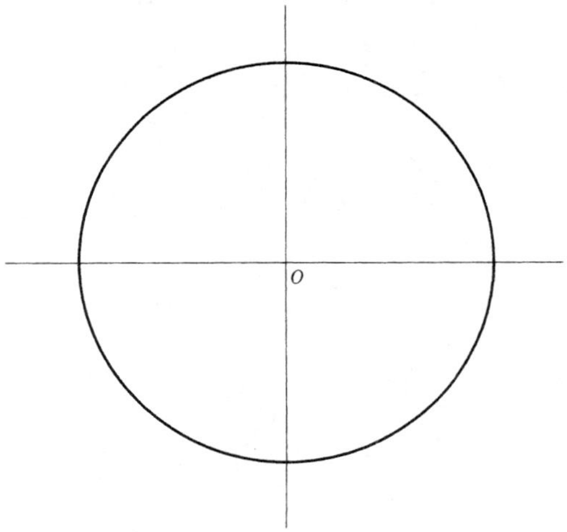

學科		班		番號		姓名		評點	

제 4 장

4-1. 다음 입체의 정면도, 평면도, 우측면도를 그려라.

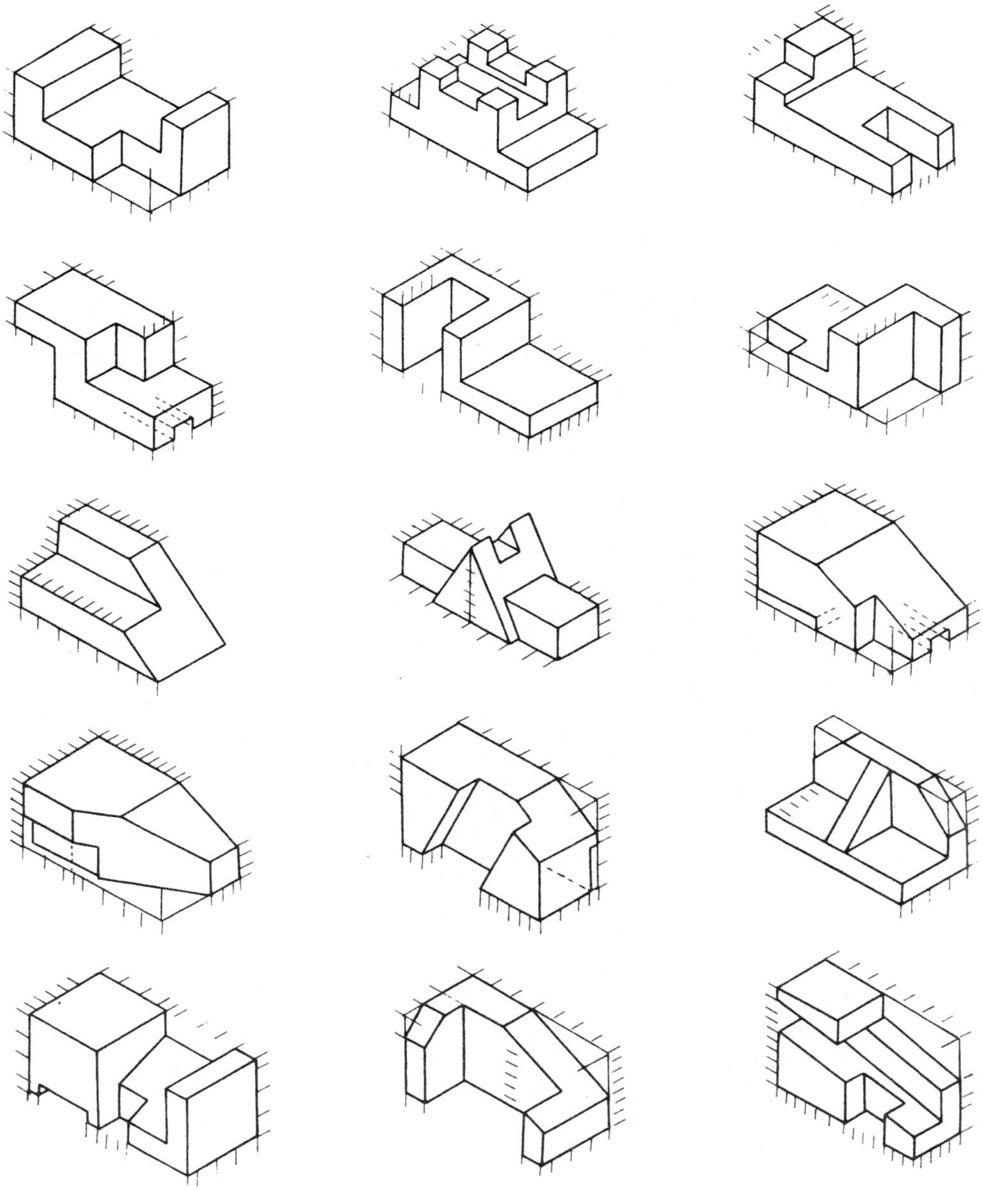

學科		班		番號		姓名		評點	

4-2. 다음 투영도를 보고 입체의 입체도(等測圖, 斜行圖)를 그려라.

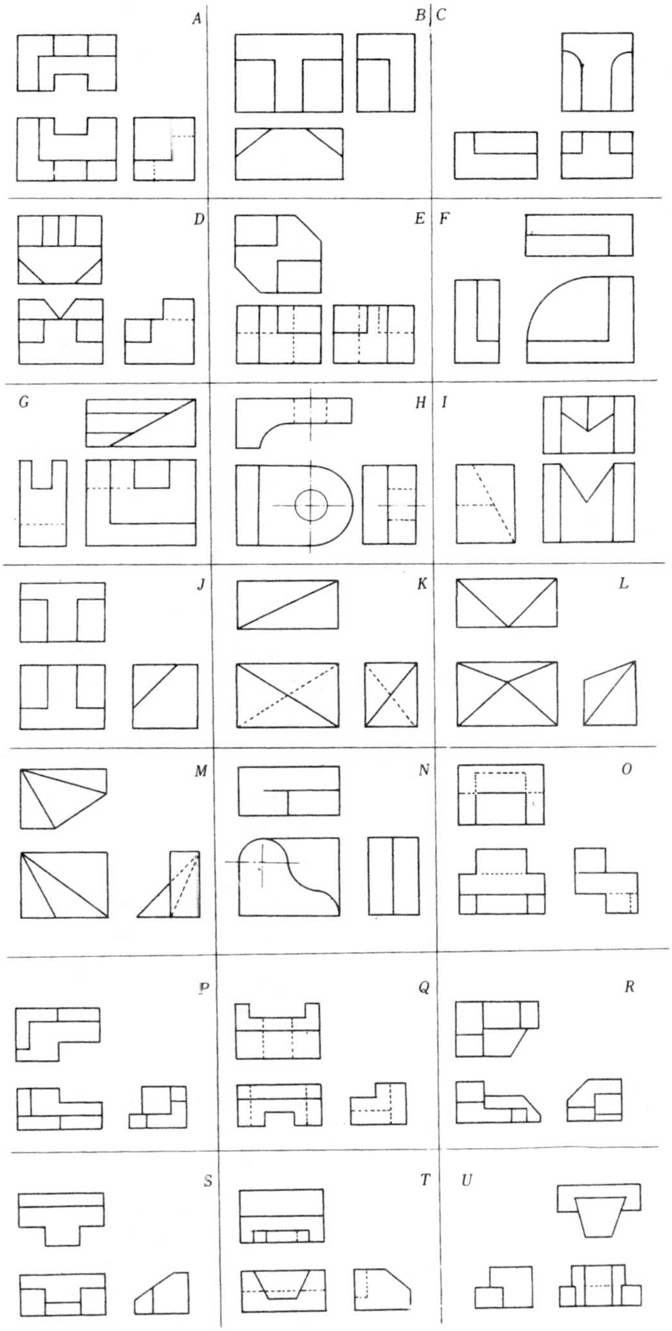

學科		班		番號		姓名		評點	

4-3. 미완성 투영도를 완성하고, 立體圖(等測投影圖, 斜投影圖)를 그려라.

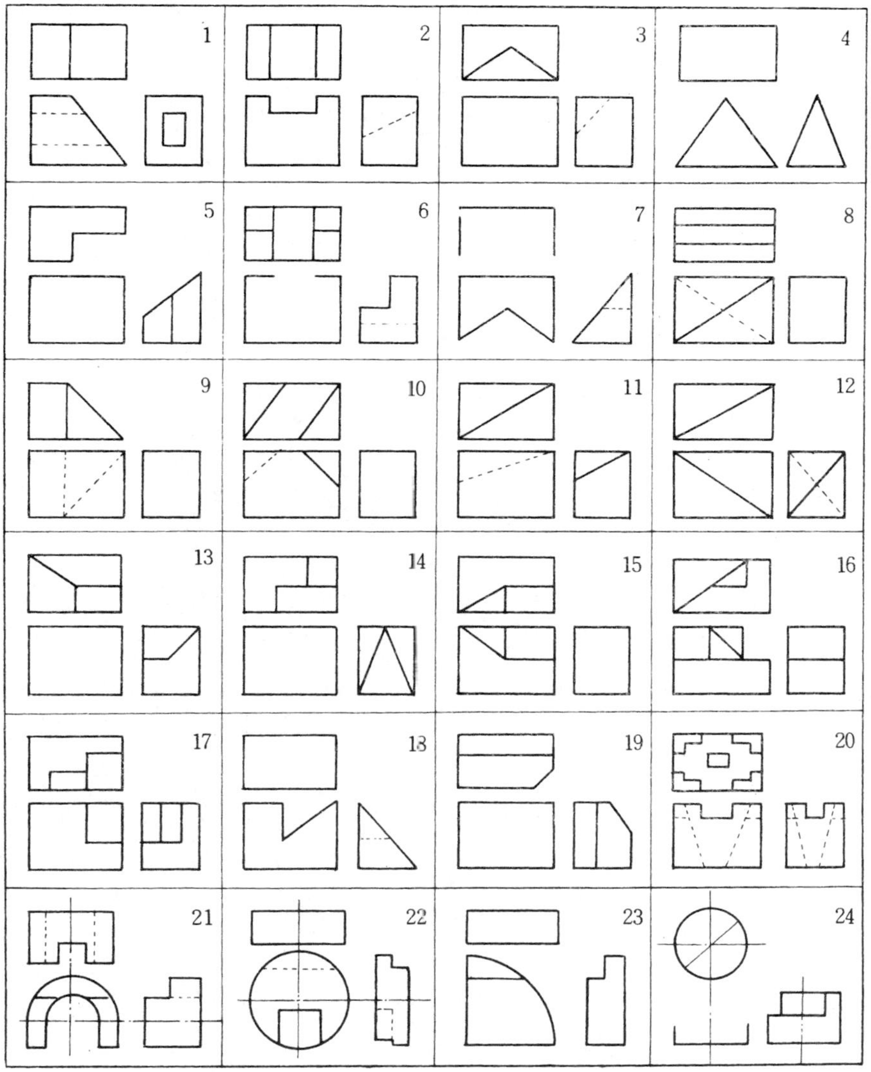

學科		班		番號		姓名		評點	

제 5 장

5-1. 직선 AB, CD의 실제 길이 및 수평 경사각을 구하여라.

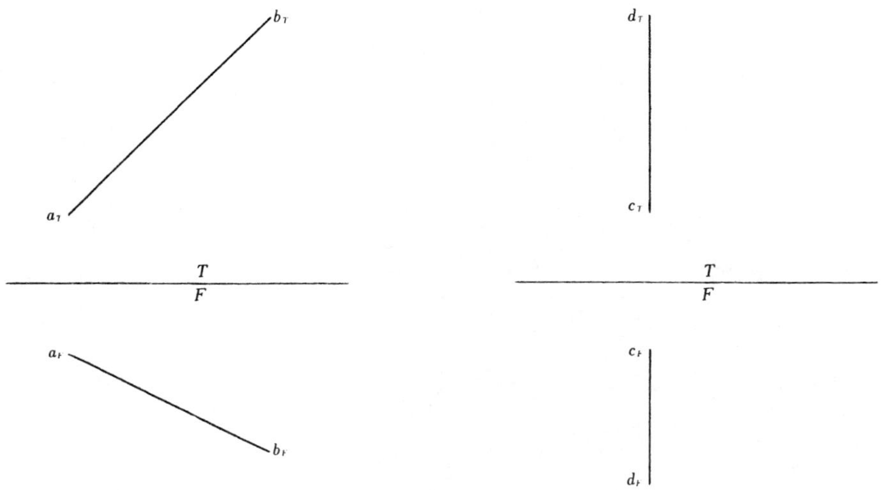

5-2. 직선 AB, CD의 點視圖(점으로 보이는 투영)를 구하여라.

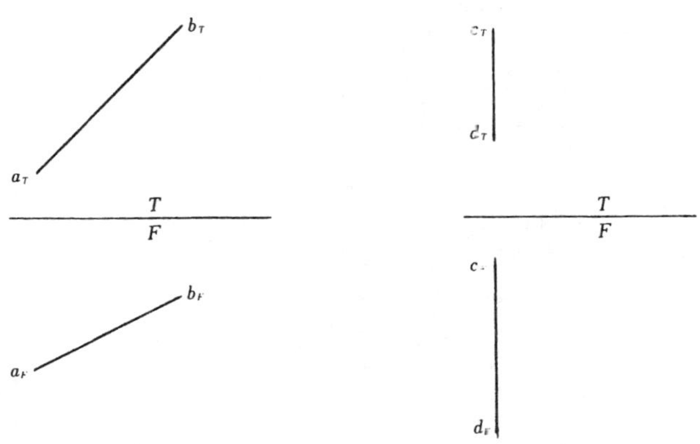

學科		班		番號		姓名		評點	

5-3. 점 C로부터 직선 AB에 最短線을 긋고, 그 실제 길이를 구하여라.

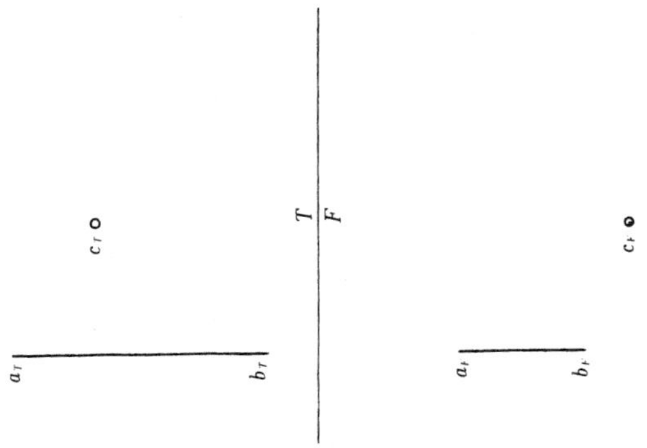

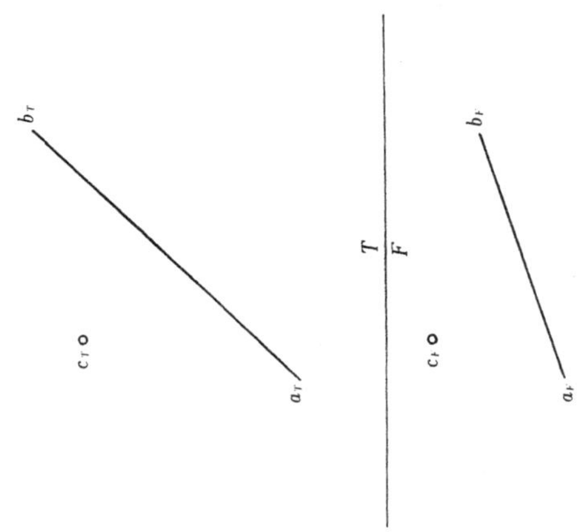

學科		班		番號		姓名		評點	

5-4. 직선 *ab*, *ac*가 점 *a*에서 直交할 때 *ac*의 입면도를 구하여라.

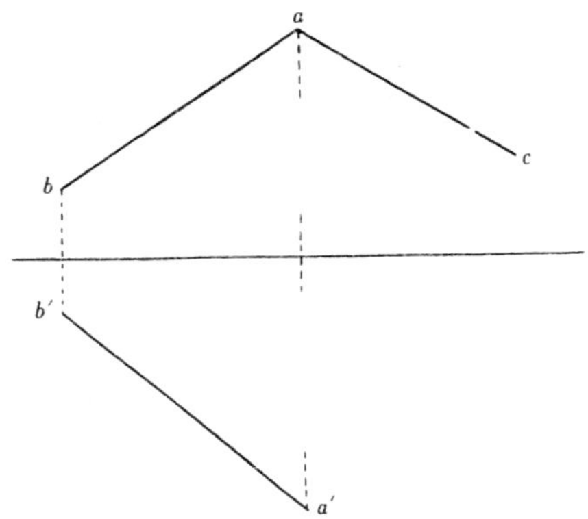

5-5. 2직선 *ab*, *cd* 간의 最短線을 그려라.

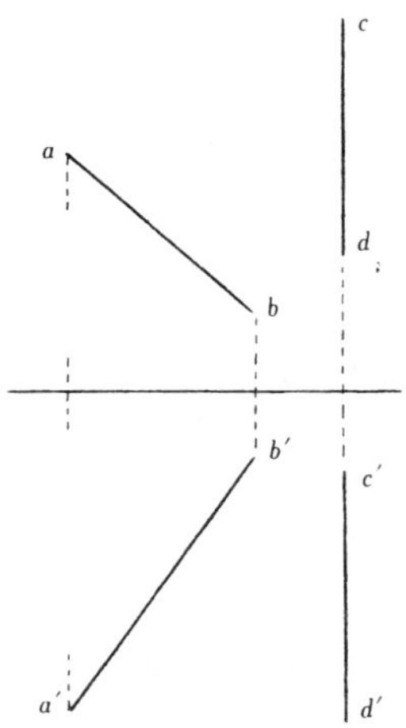

學科		班		番號		姓名		評點	

5-6. 2直線, ab, cd는 同一平上에 있는가?

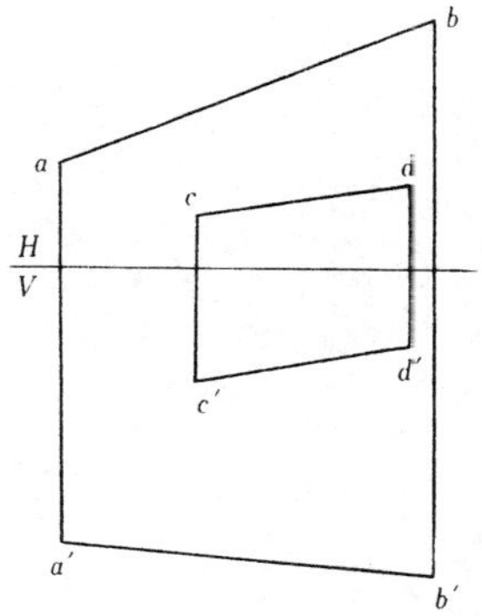

5-7. 점 p를 중심으로 하고 ab 직선에 접하는 球의 투영을 구하여라.

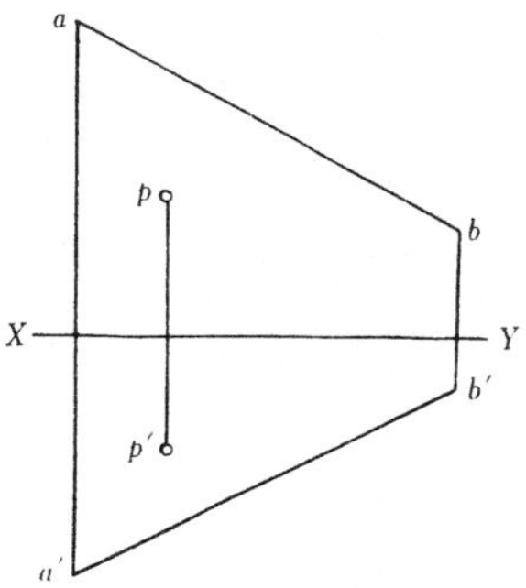

學科		班		番號		姓名		評點	

제 6 장

6-1. 평면 *abcd* 의 線視圖(직선으로 나타나는 투영)를 그리고 水平傾角을 구하여라.

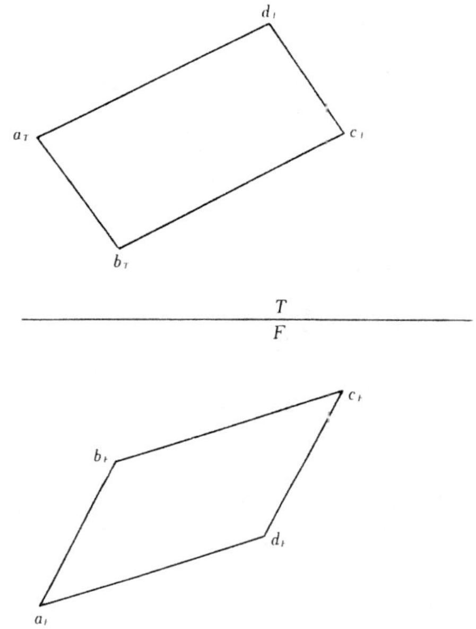

6-2. 3각형 *ABC* 에 평행하고 각 변의 길이가 각각 $\frac{1}{2}$ 인 相似3角形 *PQR* 를 그려라.
또, 양평면 사이의 거리를 구하여라.

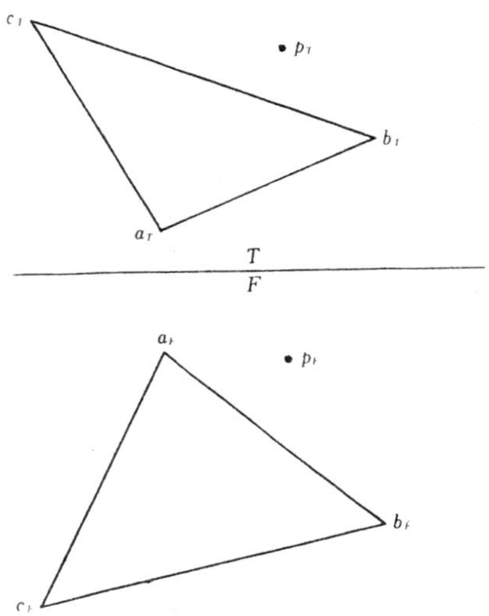

學科		班		番號		姓名		評點	

6-3. 직선과 평면의 交點을 구하고, 직선의 보이는 상태를 표시하여라.

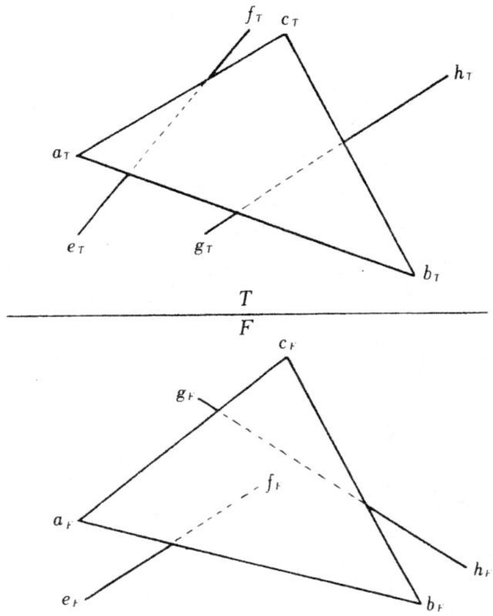

6-4. 주어진 점 P, Q에서 평면에 垂線을 그려라. 또 交點을 찾고 직선의 보이는 상태를 표시하여라.

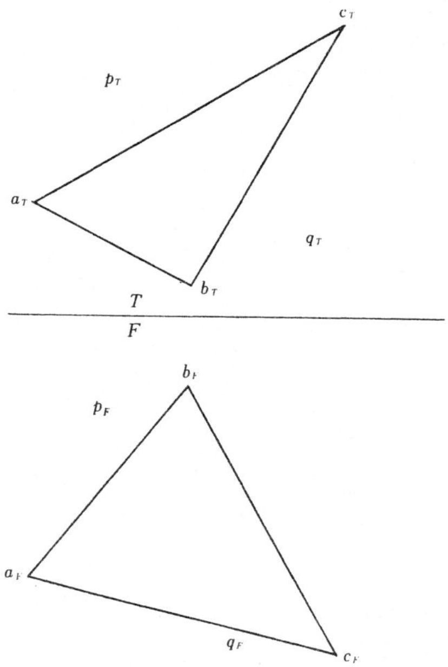

學科		班		番號		姓名		評點	

6-5. 3각형 ABC와 DEF의 交點을 구하고, 각 직선의 보이는 상태를 표시하여라.

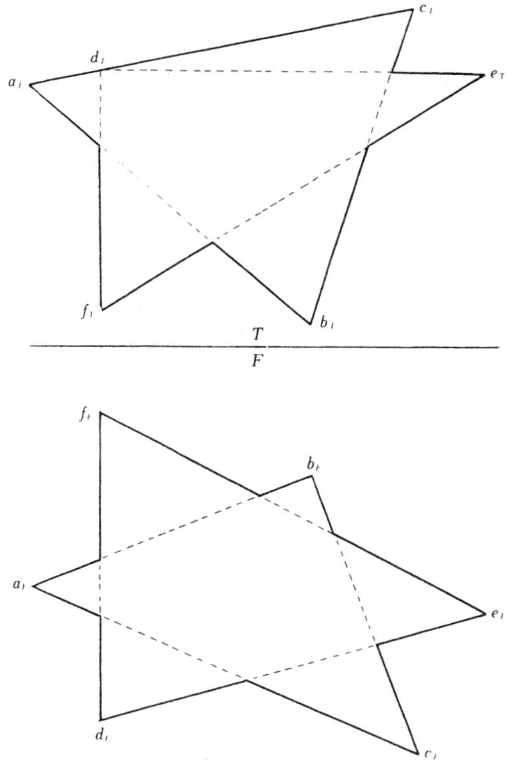

學科		班		番號		姓名		評點	

6-6. 평행, 4변형 $ABCD$의 $\angle A$의 2등분선을 그려라.

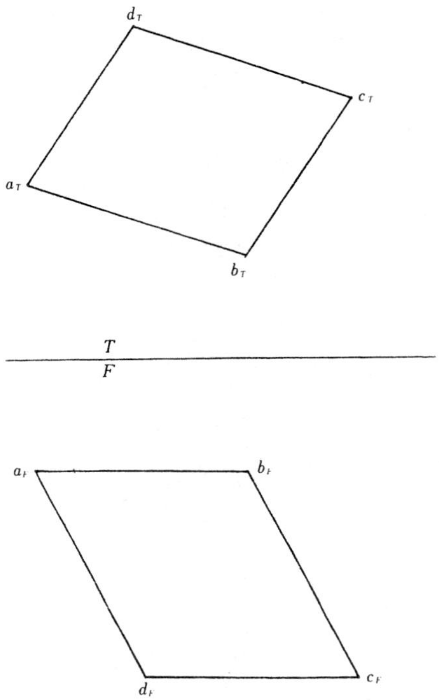

學科		班		番號		姓名		評點	

6-7. 上端部를 옆으로 절단하여 떼어낸 直立四角柱의 정면도를 그리고, 上斜面의 실제 모양을 그려라.

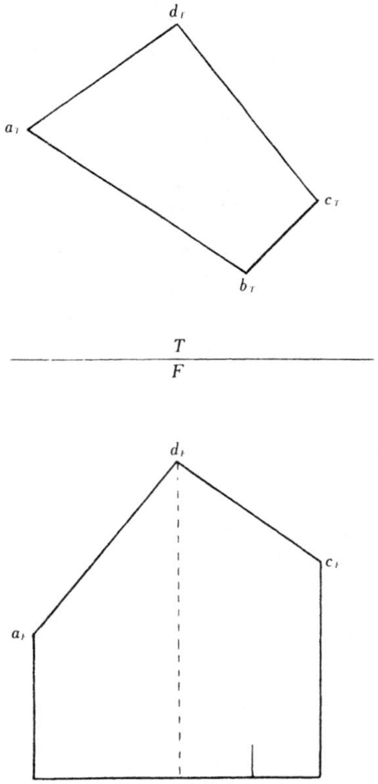

學科		班		番號		姓名		評點	

6-8. 주어진 T평면 위에 주어진 직선 AB를 1변으로 하는 정5각형을 그려라.

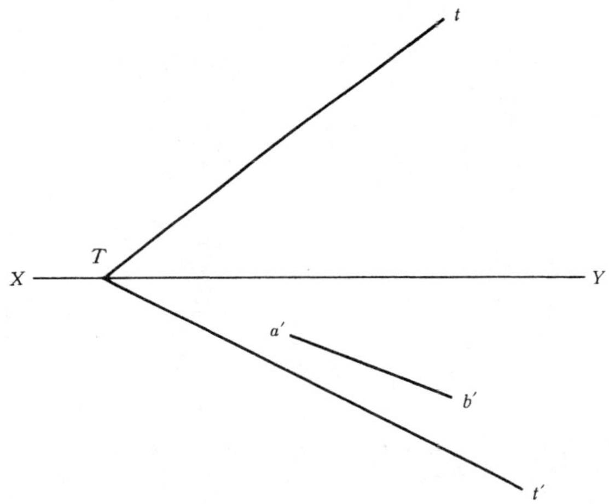

學科		班		番號		姓名		評點	

6-9. 회전법에 의하여 4각형 $ABCD$의 실제 모양을 구하여라.

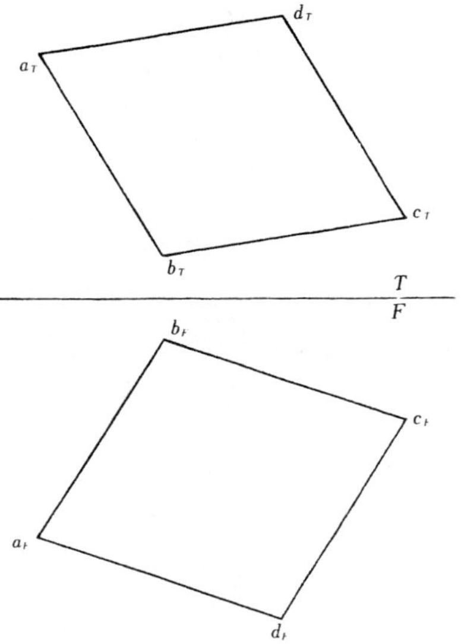

6-10. 직선과 평면의 交點을 구하고, 직선의 보이는 상태를 표시하여라.

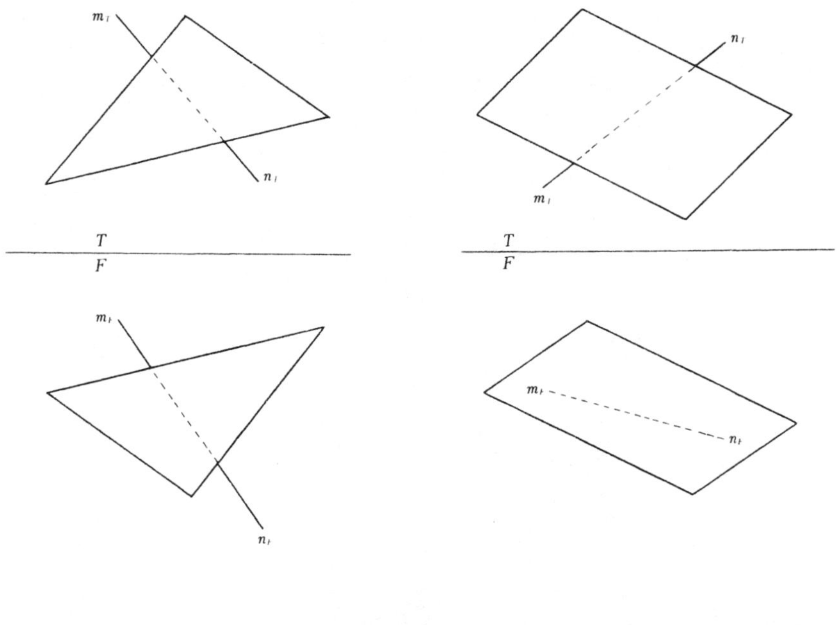

學科		班		番號		姓名		評點	

6-11. 3각형 ABC와 DEF의 交線을 구하여라(切斷平面法).

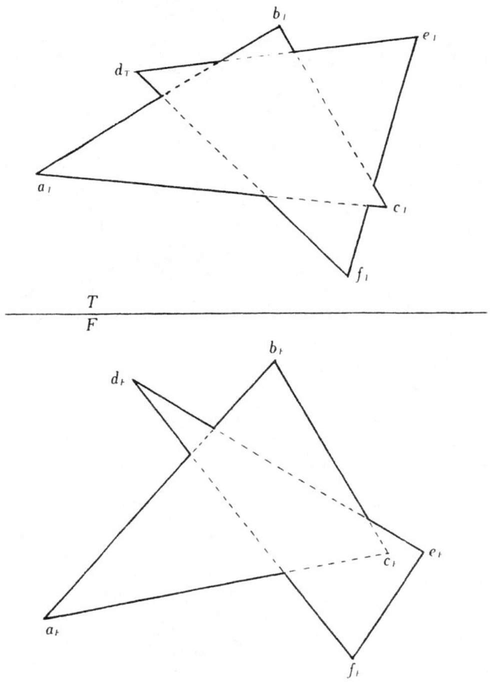

學科		班		番號		姓名		評點	

6-12. 3각형 ABC와 DEF의 交線을 구하여라.

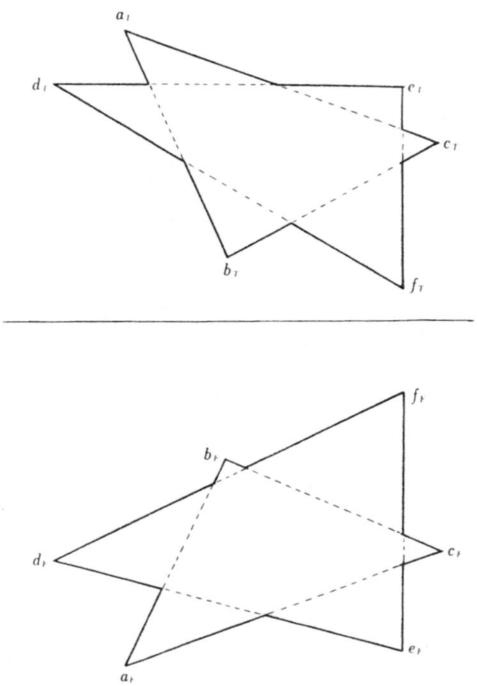

學科		班		番號		姓名		評點	

6-13. Block의 한 면 *abcd*의 實形圖를 구하여라.

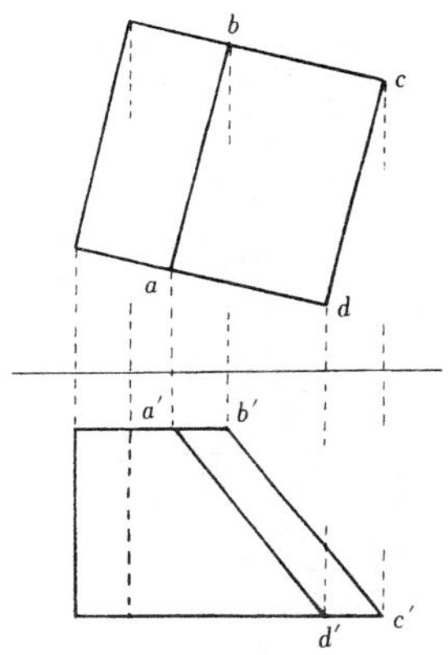

學科		班		番號		姓名		評點	

6-14. 직선 cd를 포함하고 ab 직선에 평행한 평면을 구하여라.

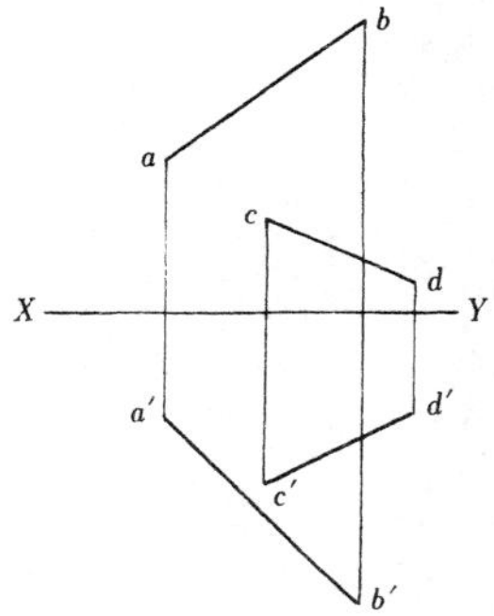

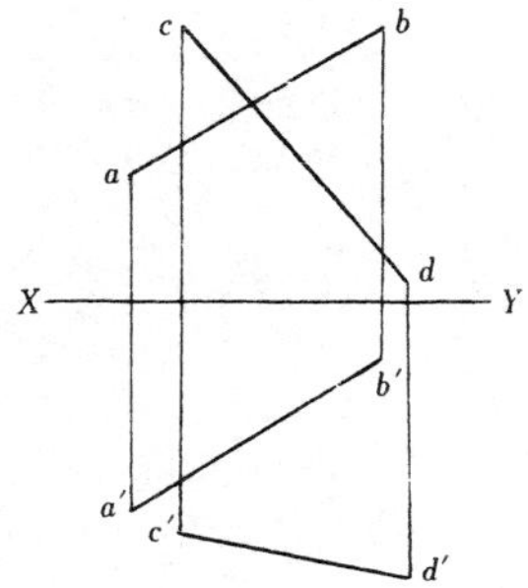

6-15. 직선 mn을 포함하고 평면 abc에 수직인 평면을 구하여라.

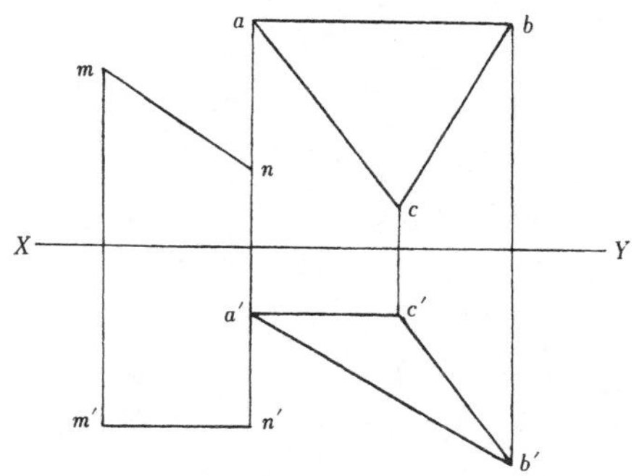

學科		班		番號		姓名		評點	

6-16. 직선 lm과 평면 abc 사이의 각을 구하여라.

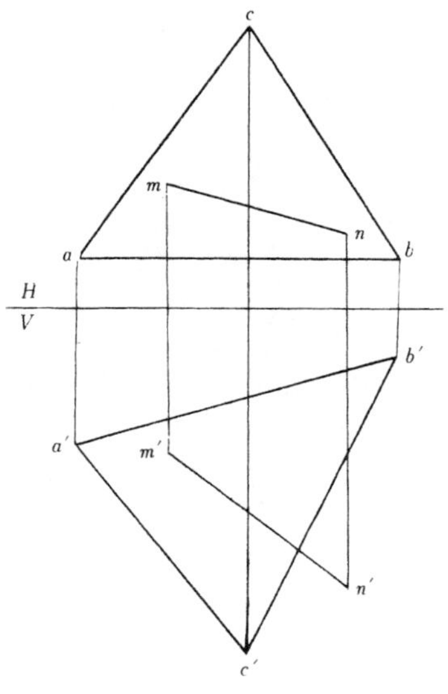

學科		班		番號		姓名		評點	

6-17. 2평면 사이의 각을 구하여라.

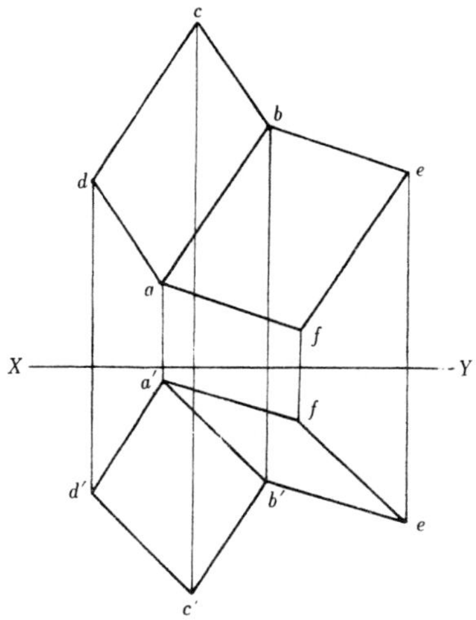

學科		班		番號		姓名		評點	

6-18. 점 p로 부터 주어진 삼각형 abc에 평행하고 직선 de에 교차하는 직선을 그려라.

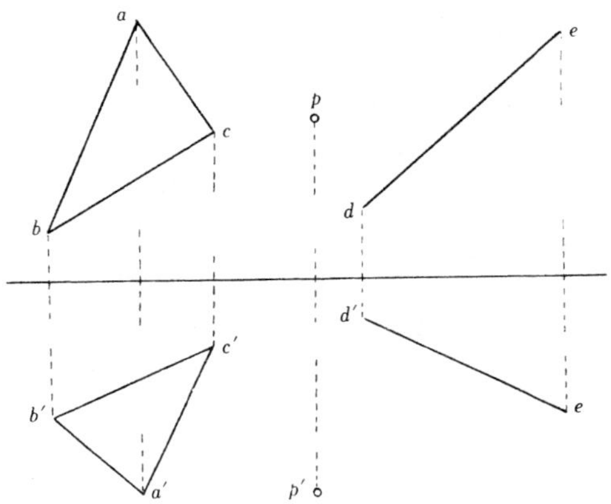

6-19. 점 p를 지나고 교차하지 않는 2직선 ab, cd에 수직한 직선을 그려라.

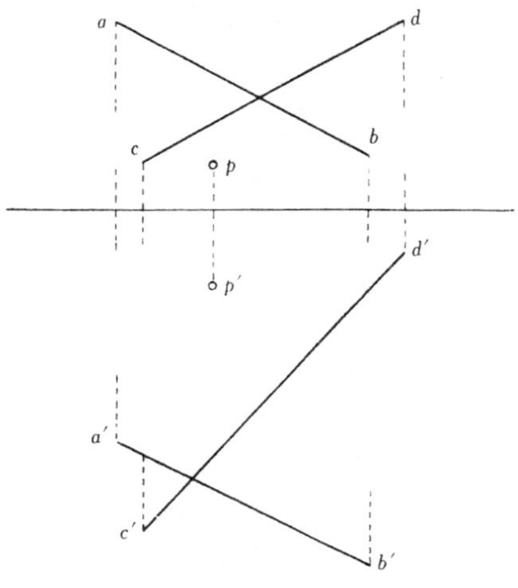

學科		班		番號		姓名		評點	

6-20. 평면 abc에 수직한 평면 pqr의 평면도와 입면도를 그려라.

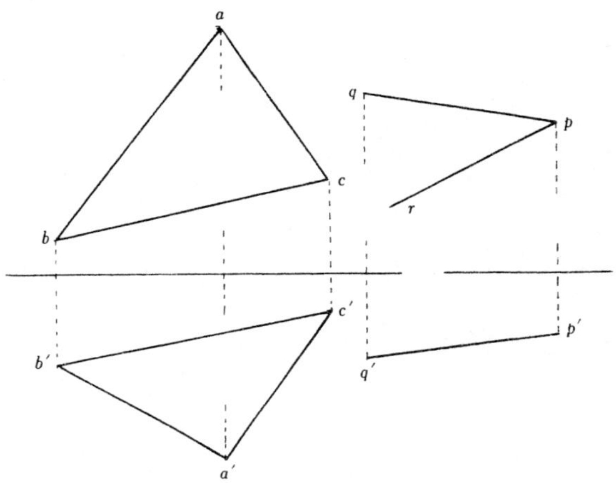

6-21. 점 p를 지나고 2평면에 수직인 평면을 구하여라.

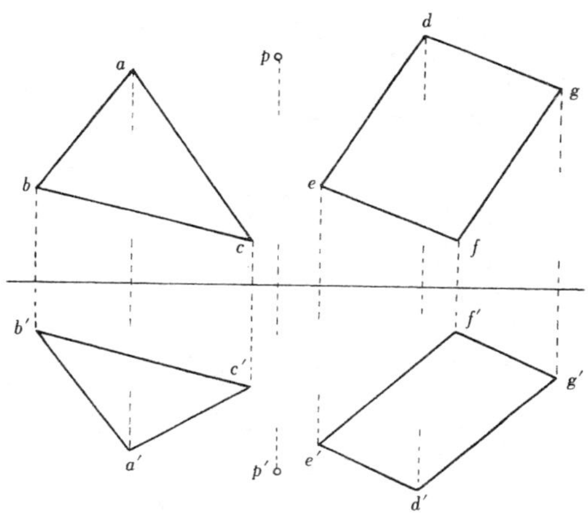

學科		班		番號		姓名		評點	

6-22. 2점 a, b로부터 같은 거리의 점을 직선 cd 상에서 정하여라.

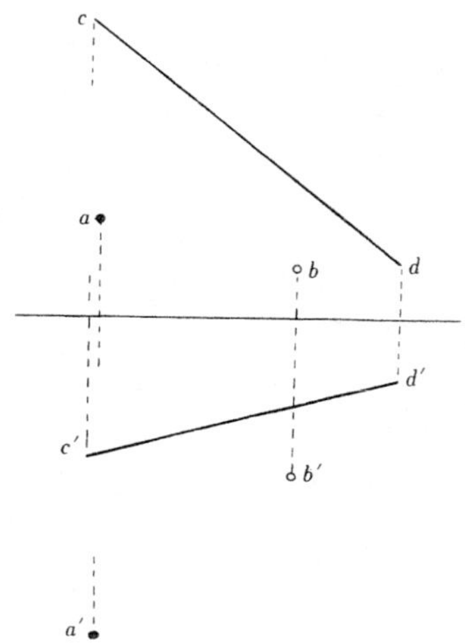

6-23. 3각형 abc와 3각형 def 사이의 각을 구하여라.

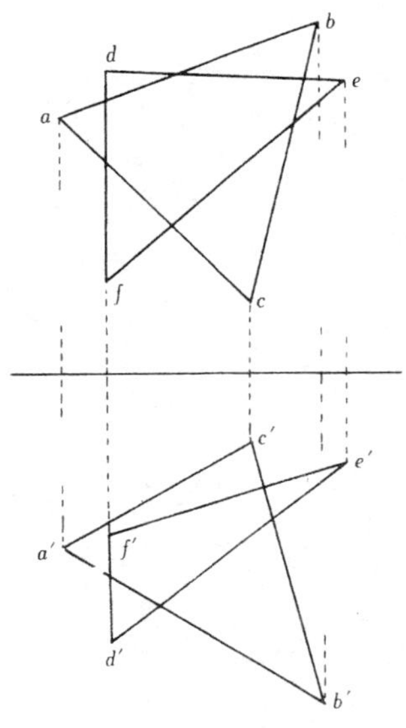

學科		班		番號		姓名		評點	

6-24. 직선 mn 주위로 직선 ab를 90°만큼 회전했을 때의 投影圖를 그려라.

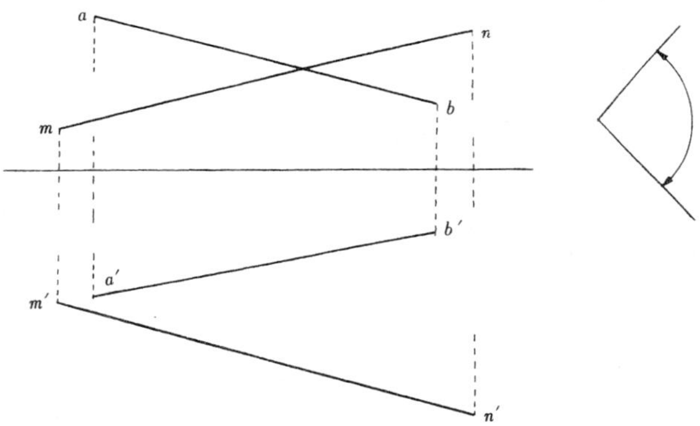

學科		班		番號		姓名		評點	

제 7 장

7-1. 미완성 投影圖를 완성하고, 見取圖를 그려라.

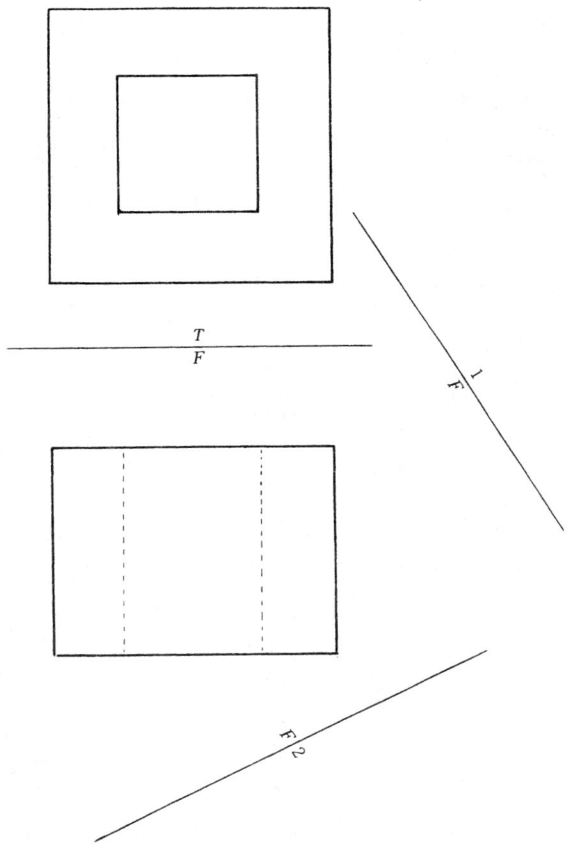

學科		班		番號		姓名		評點	

7-2. 副基線 $\frac{T}{1}$, $\frac{T}{2}$ 에 의하여 副立面圖를 그려라.

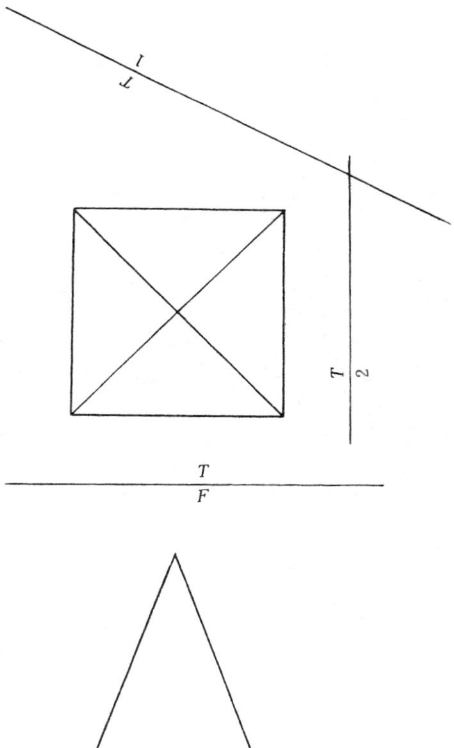

學科		班		番號		姓名		評點	

7-3. 副基線 $\frac{T}{1}$, $\frac{1}{2}$, $\frac{2}{3}$ 에 의하여 高次副投影圖를 그려라.

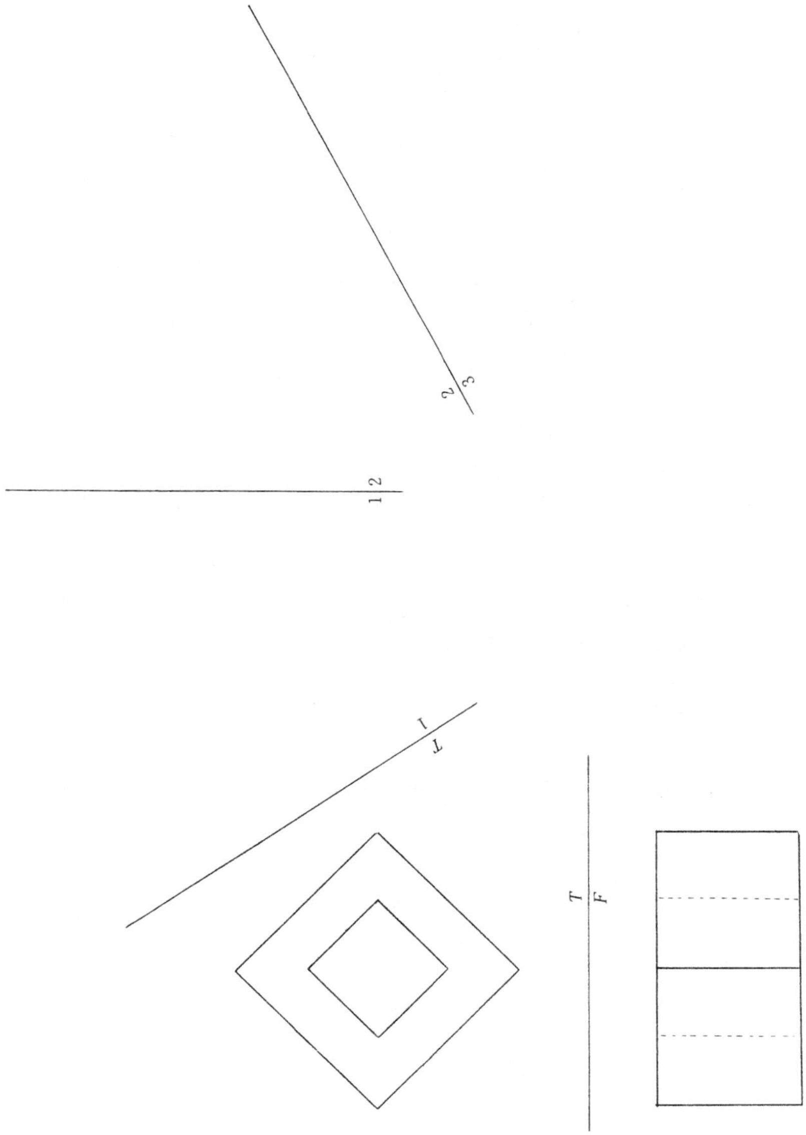

學科		班		番號		姓名		評點	

7-4. 副基線 $\frac{1}{F}$, $\frac{2}{1}$, $\frac{3}{2}$ 에 의하여 高次副投影圖를 그려라.

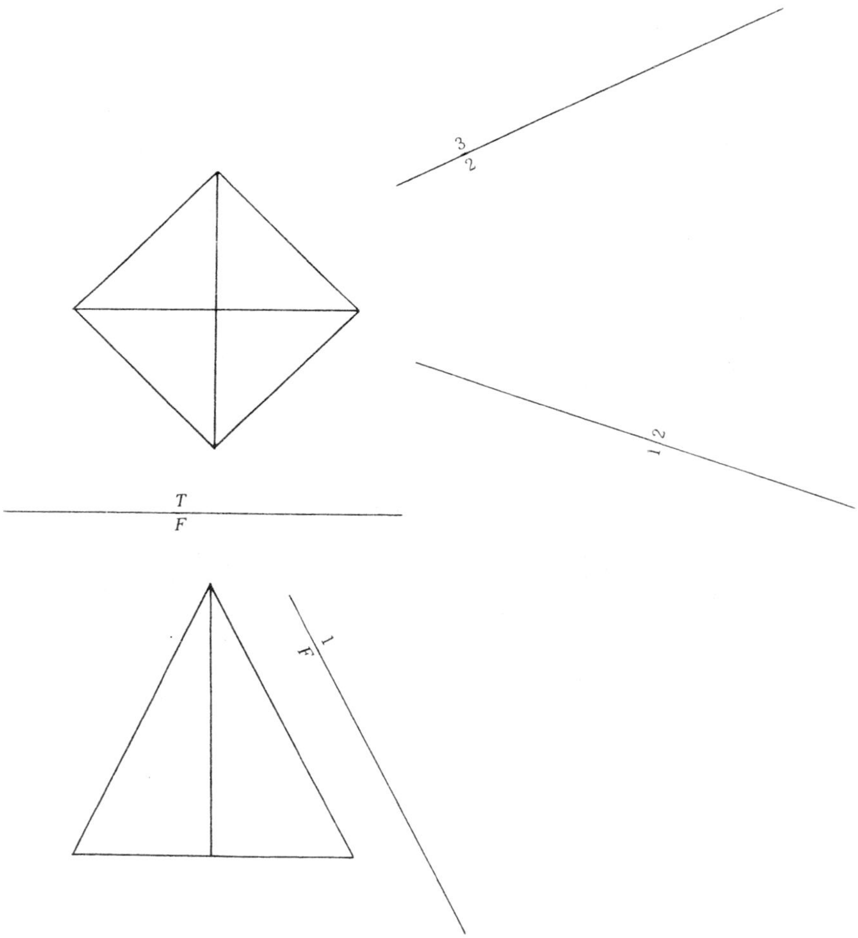

學科		班		番號		姓名		評點	

7-5. 直立面으로부터 2cm 떨어져 있고 수평면에 수직으로 세워져 있는 세로 4cm, 가로 2cm의 4각형을 측면으로 하는 정 4 각주의 投影圖를 그려라.

X ———————————— Y

學科		班		番號		姓名		評點	

7-6. 입체도를 보고 관련되는 기호를 투영도에 기입하여라.

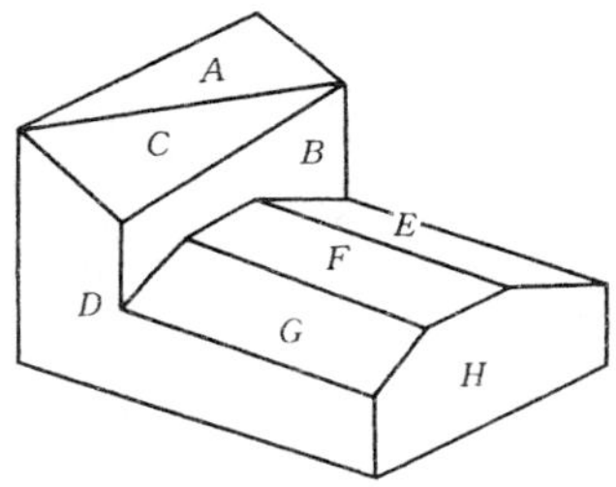

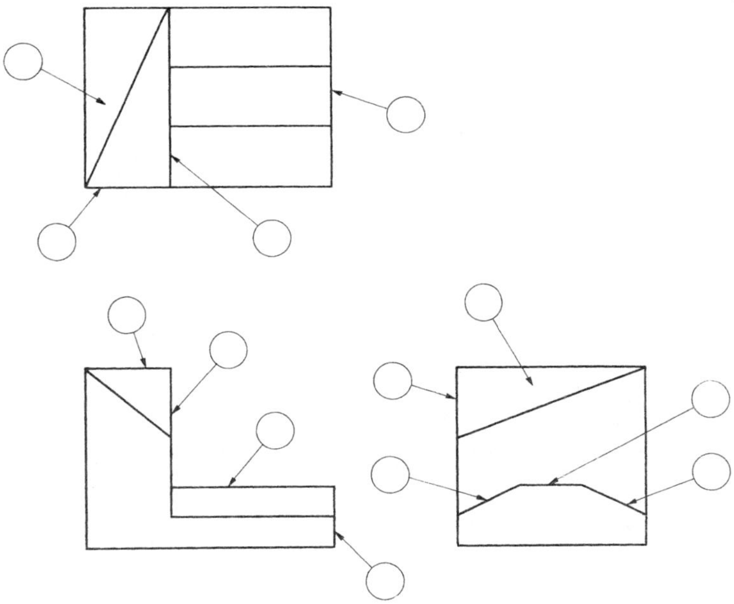

學科		班		番號		姓名		評點	

제 8 장

8-1. 주어진 직선 AB에 평행하고, 사원추에 접하는 접평면을 구하여라.

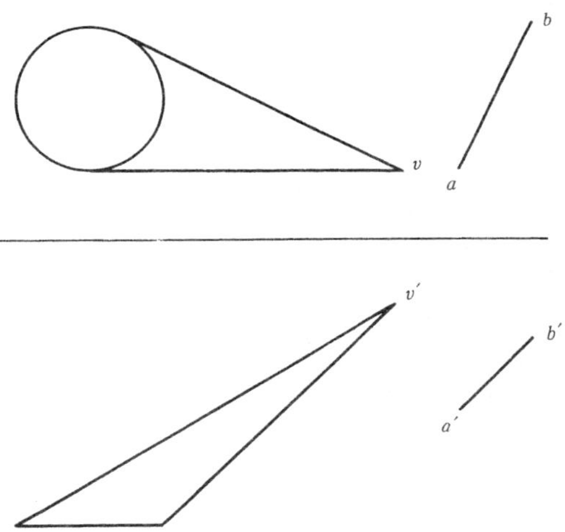

學科		班		番號		姓名		評點	

8-2. 사원주밖의 한 점 p를 지나고 사원주에 접하는 접평면을 그려라.

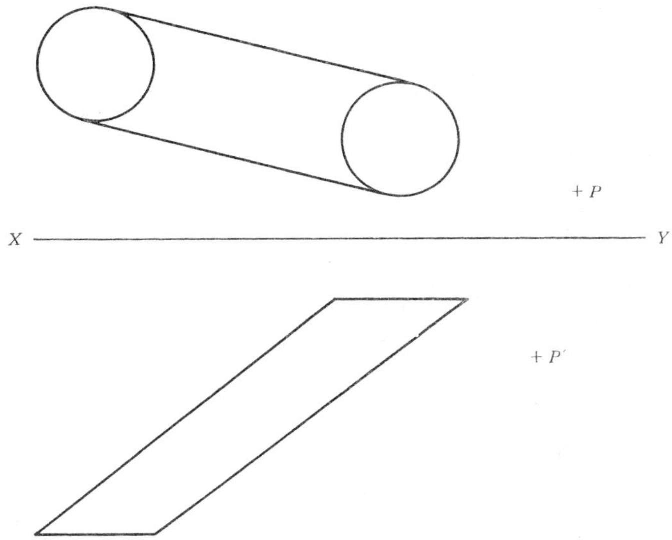

學科		班		番號		姓名		評點	

제 9 장

9-1. 주어진 원추의 후방에 접하는 평면 ABC의 평면을 그려라.

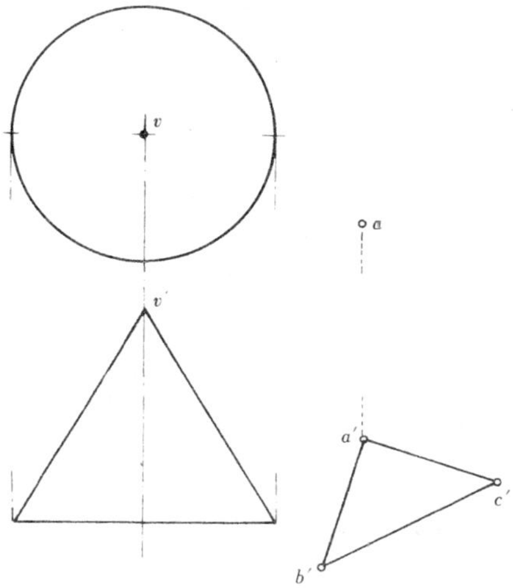

9-2. 斜圓柱 표면상에 P점의 입면도가 주어져 있을 때 P점에 접하는 평면을 구하여라.

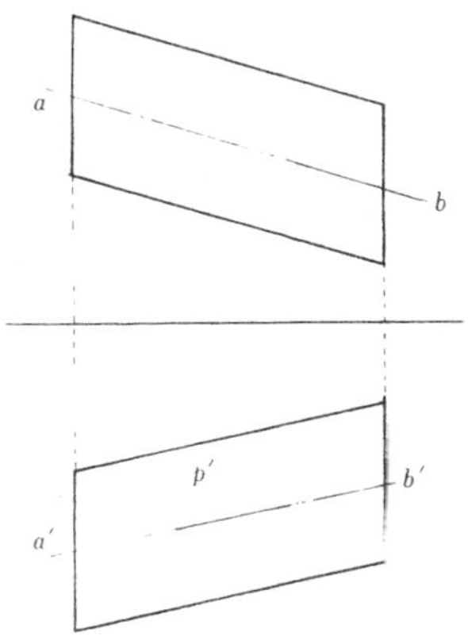

學科		班		番號		姓名		評點	

제 10 장

10-1. 斜圓柱의 축에 평행한 평면 abc에 의한 단면을 구하여라.

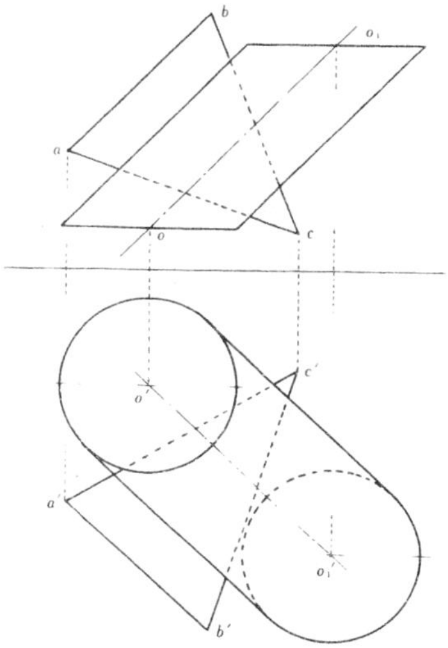

10-2. 평면 LMN에 의한 四角錐의 단면을 구하여라.

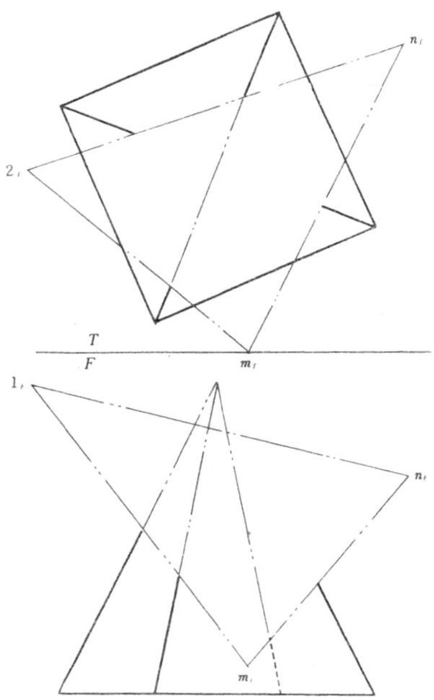

學科		班		番號		姓名		評點	

10-3. 正六角錐와 3각형 LMN의 交點을 구하고, 선의 보이는 상태를 표시하여라.

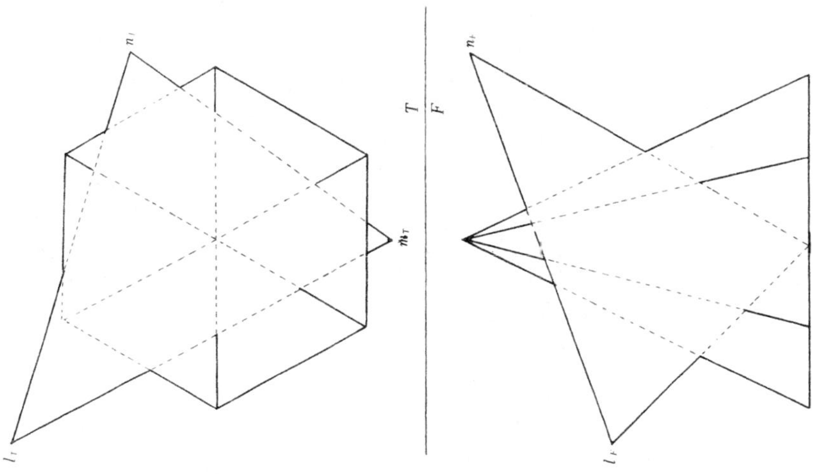

10-4. 수평면에 수직인 CP 평면에 의한 단면을 그려라.

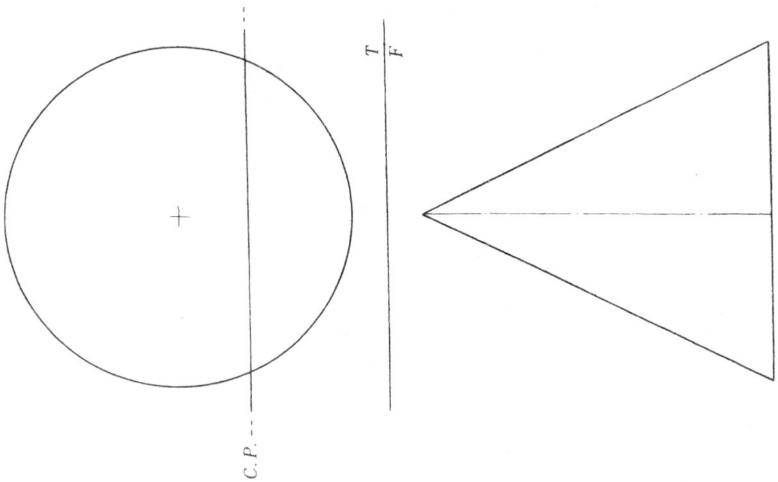

學科		班		番號		姓名		評點	

제 11장

11-1. 四角柱와 二角柱의 相貫線을 구하여라.

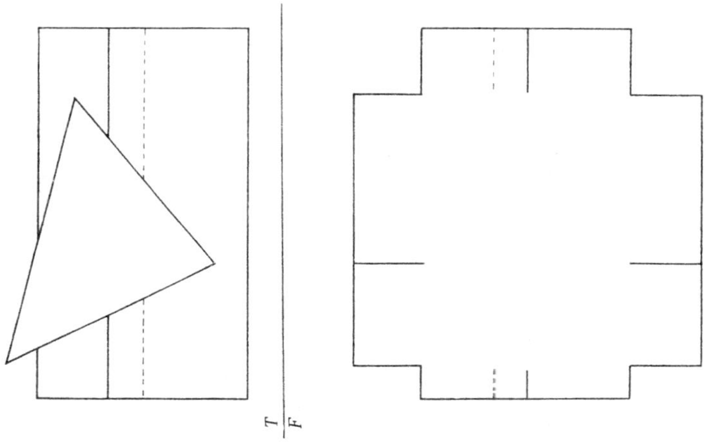

11-2. 四角錐와 四角柱의 相貫線을 그려라.

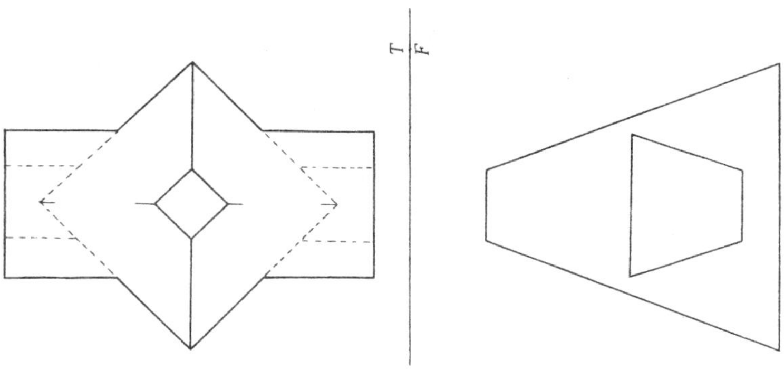

學科		班		番號		姓名		評點	

11-3. 2개의 원주의 相貫線을 구하여라.

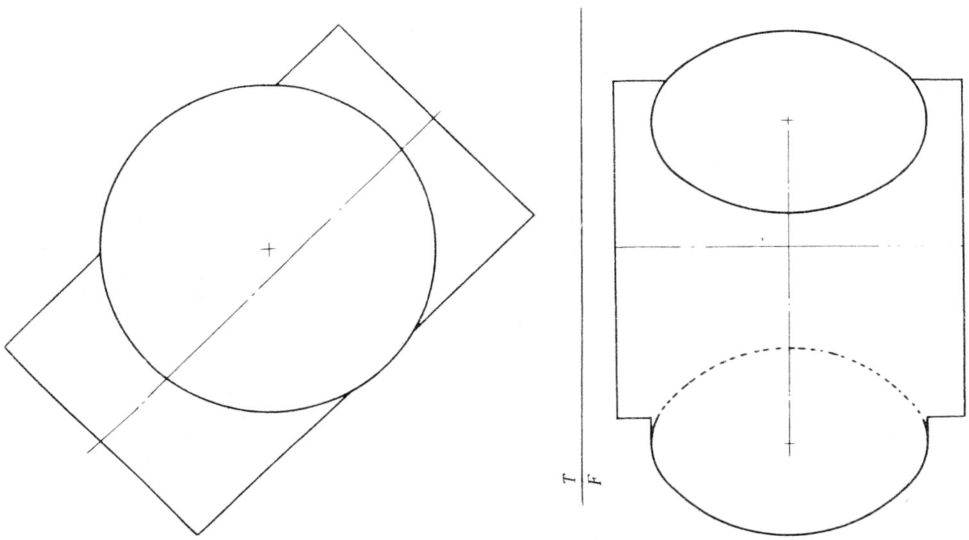

11-4. 球面과 圓錐臺의 相貫線을 구하여라.

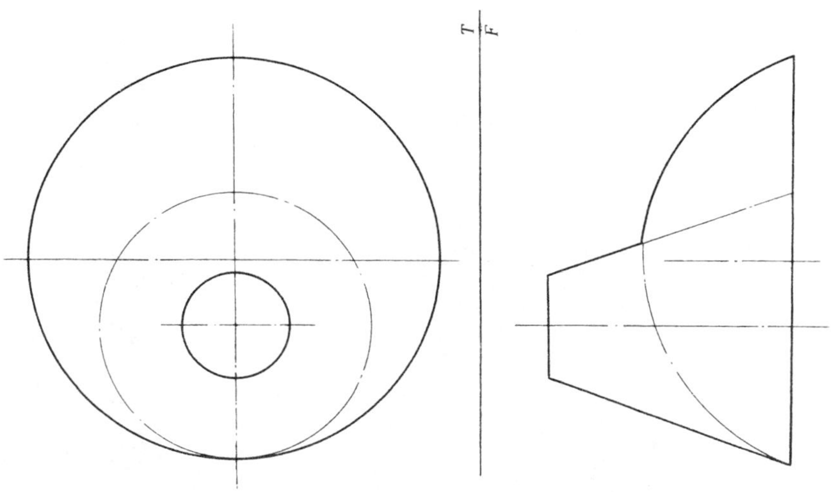

學科		班		番號		姓名		評點	

11-5. 線直面 *abcd* 의 직선 *mn* 이 相貫點을 구하여라.

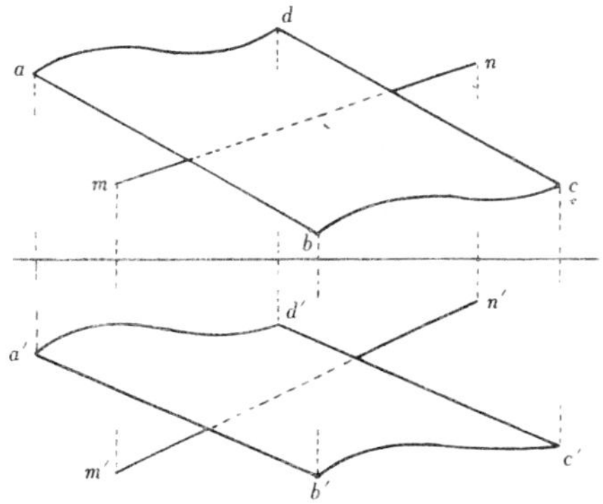

11-6. 2圓錐의 相貫線을 구하여라.

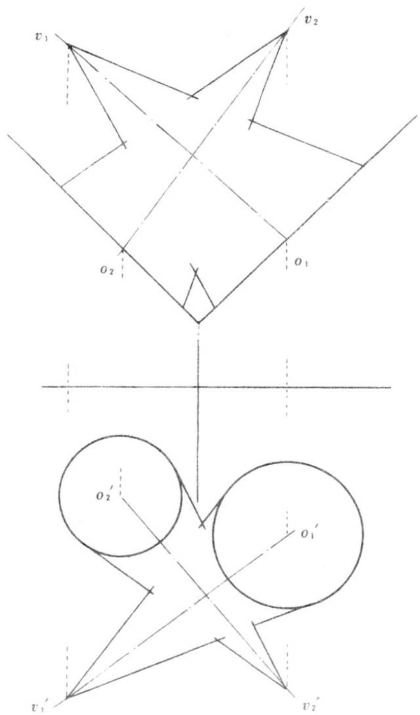

學科		班		番號		姓名		評點	

11-7. 球 o와 圓環 O_1이 2점 m, n에서 접할 경우 相貫線을 구하여라.

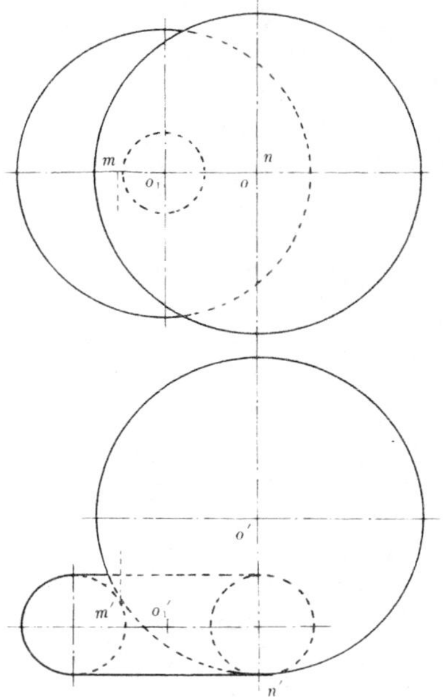

11-8. 四角柱와 球의 相貫線을 구하여라.

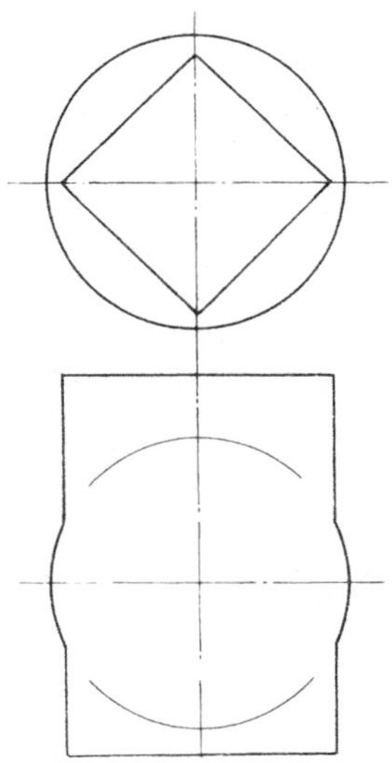

學科		班		番號		姓名		評點	

제 12 장

12-1. 斜三角柱의 전개도를 그려라.

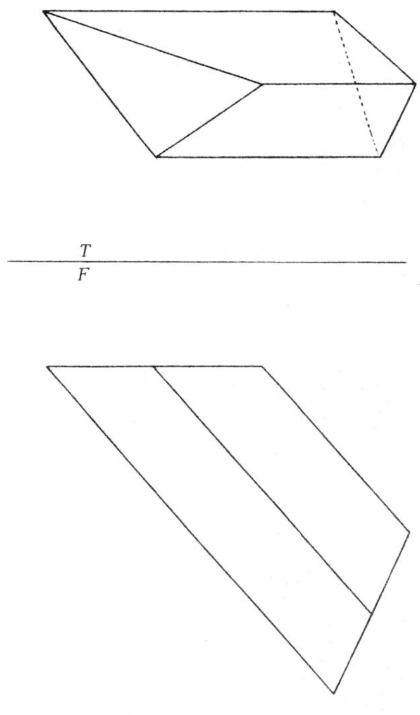

學科		班		番號		姓名		評點	

12-2. notch가 있는 원주를 전개하여라.

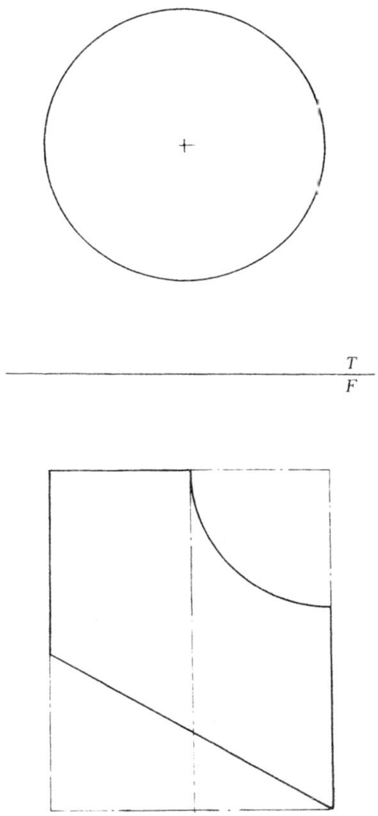

學科		班		番號		姓名		評點	

12-3. 斜五角錐를 전개하여라.

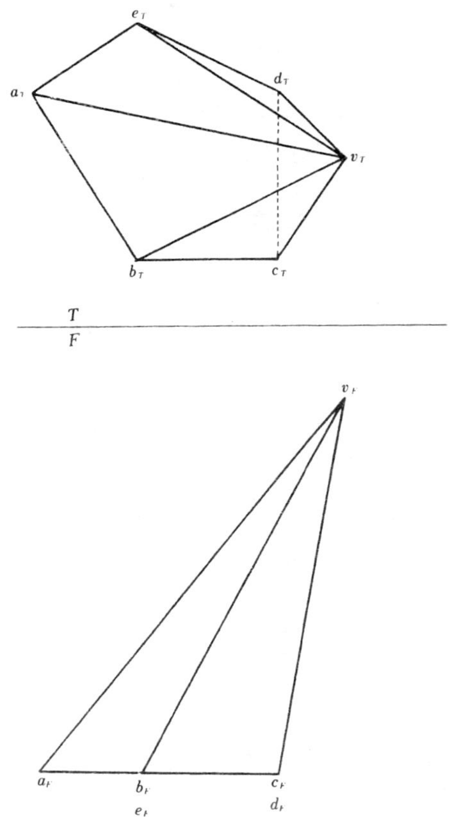

學科		班		番號		姓名		評點	

12-4. 주어진 구 o의 전개도를 그려라.

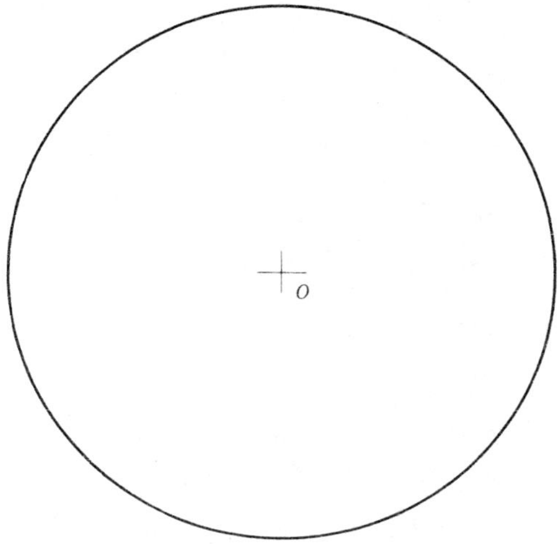

學科		班		番號		姓名		評點	

제 13, 14장

13-1. 오른쪽에 도시한 입체의

a. 等測圖

b. 二軸測圖

c. 斜投影圖($\mu = 1$, $\delta = 45°$)를 그려라.

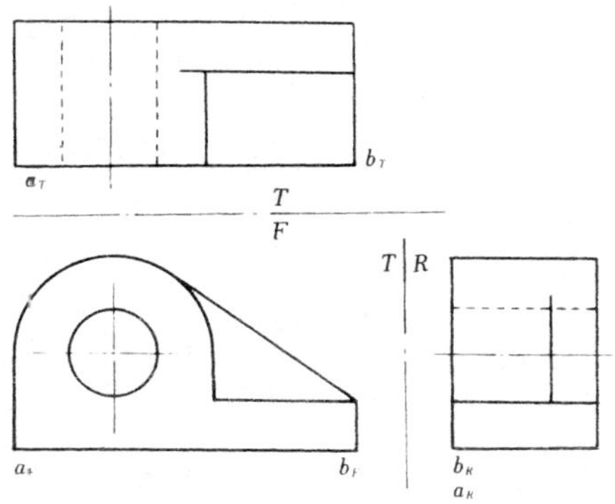

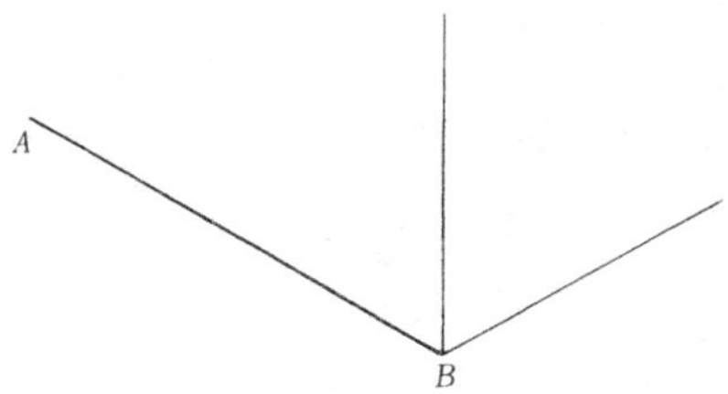

(a)

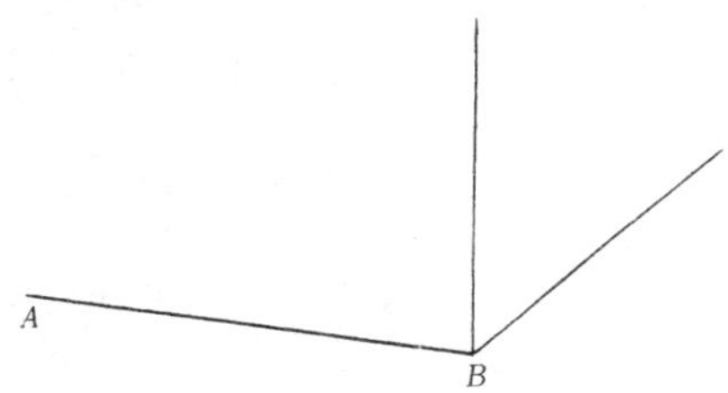

(b)

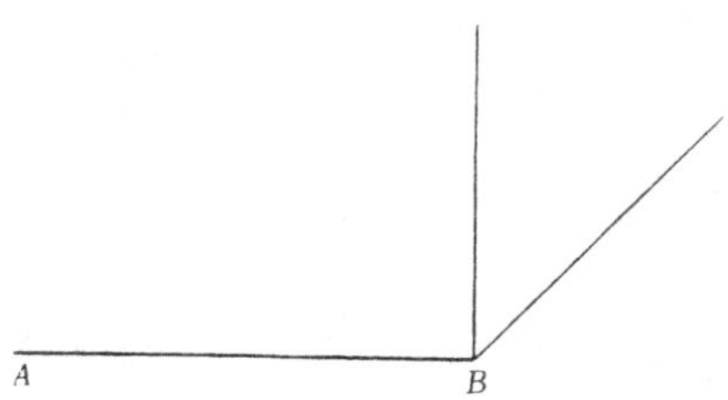

(c)

學科		班		番號		姓名		評點	

제 15장

15-1. 다음 물체의 陰影을 구하여라.

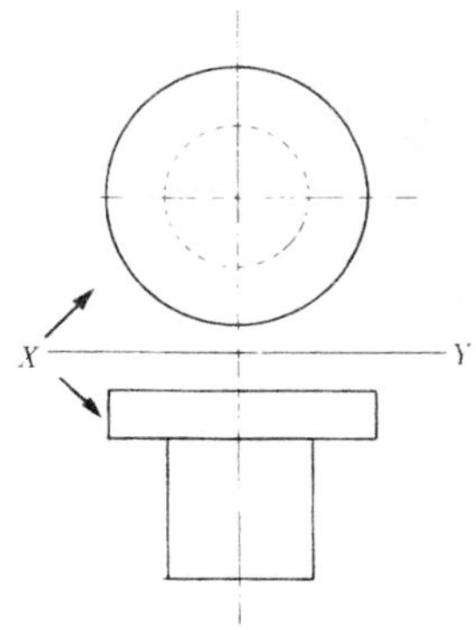

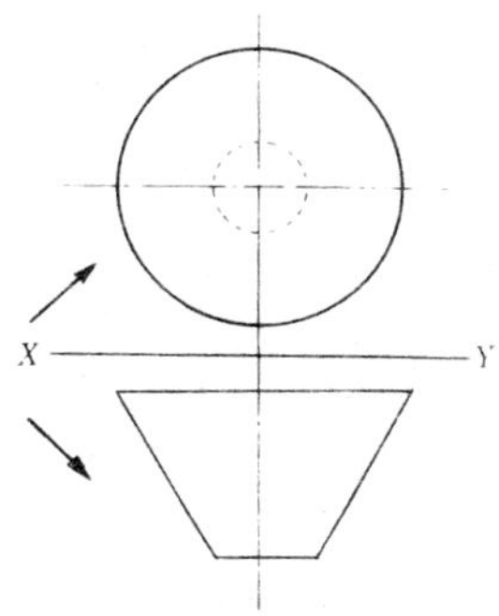

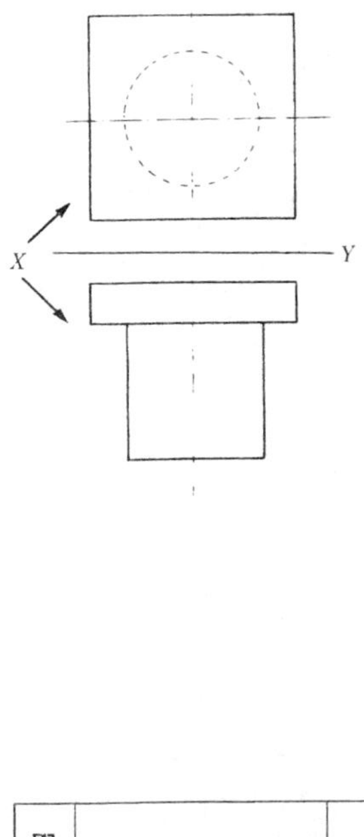

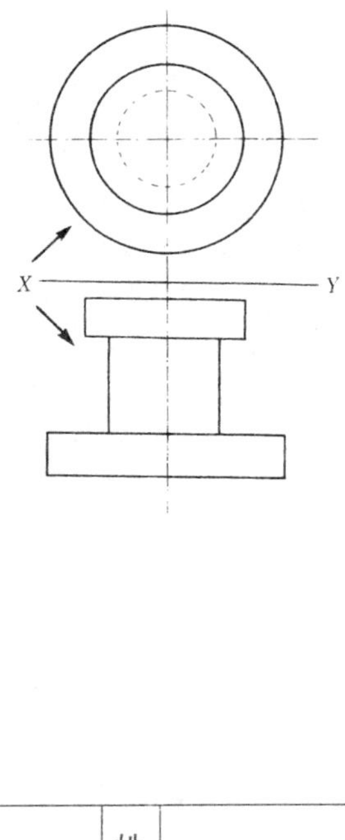

學科		班		番號		姓名		評點	

제 16 장

16-1. 表高 22m의 수평도로의 切取 1 : 1, 盛土는 1 : 2의 斜面句配로써 그 구배척을 주고 공사하는 경계선을 구하여라.

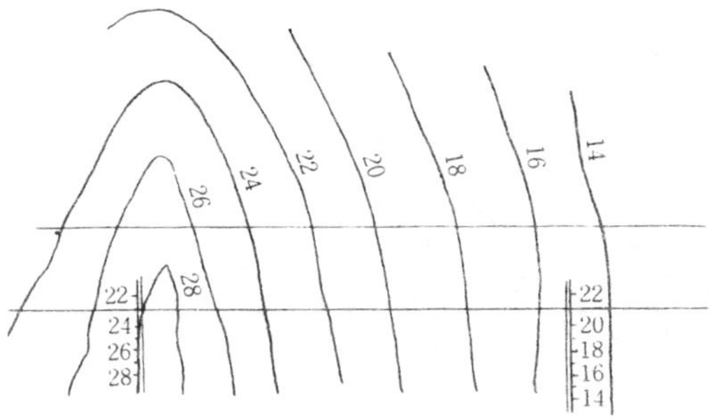

學科		班		番號		姓名		評點	

제 17장

17-1. 주어진 건축물의 投視圖를 구하여라(視點의 위치와 물체의 방향은 임의로 정할 것).

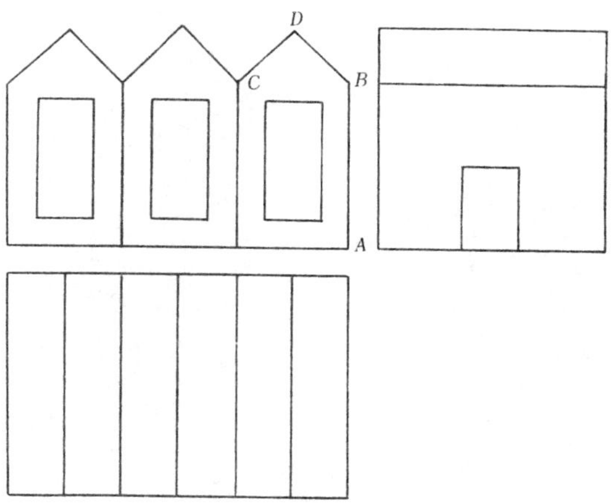

學科		班		番號		姓名		評點	